小牛顿

小小牛顿 科学启蒙 —大百科—

消失的冰块

牛顿出版股份有限公司 / 编著

U0177455

超酷的
科学实验

外语教学与研究出版社
北京

一起来做运动

小小幼儿园来了很多动物，要教小朋友做运动。

2

企鹅走路摇摇摆摆最特别。记得，大腿贴在一起，只用小腿走哦！

哇！真的摇摇摆摆，可是走得太慢了。

只要把手张开就能走得快，而且不会跌倒。

🦒 长颈鹿走路才特别，注意看！同一边的前脚和后脚一起走哦！

👧 伸长脖子往前走，右手右脚先跨出去，再是左手左脚，简单啦！

🦒 可是我们只用脚尖走路，你会吗？

👦 不容易啊！走一下子就累了，怎么会这样呢？

其实，所有的有蹄动物，比如羊、马、牛、鹿，都是用脚尖走路或站立的，虽然它们的四肢从外表上看起来和我们的四肢不一样，但是，基本的骨骼构造还是很像的。

虚线对应的范围表示类似的构造。

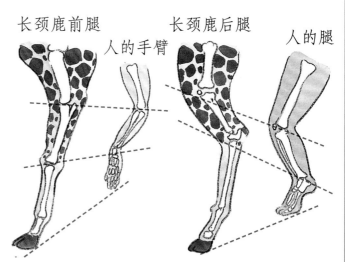

长颈鹿前腿　　　长颈鹿后腿

人的手臂　　　　　　人的腿

袋鼠是跳远高手，让我来告诉你们跳远的秘诀吧！
身体前倾，下蹲以后，使劲蹬腿，用力往前跳。

我是这样跳的，可是怎么跳不远呢？

 因为我的后腿粗又壮，就像个大弹簧，所以才能跳这么远！

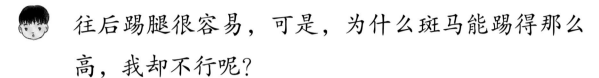
快来看看我们斑马表演后踢腿，这样就不怕狮子追上来吃我们啦！

往后踢腿很容易，可是，为什么斑马能踢得那么高，我却不行呢？

你学得很好，只是看起来不太像而已。

9

 海豹，你也来啦！你很会游泳，可是，你会在陆地上走路吗？

我不会在陆地上走路，可是我很会爬，让我来教教你吧！把脚绑起来，趴在地上，用手往前撑，再把身体向前拉。

哎哟！不容易啊！

嘿嘿！这是我们海豹最特别的功夫哦！

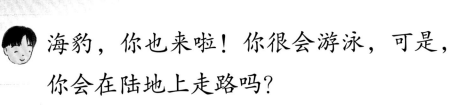 海豹的后鳍肢又短又小，而且无法弯曲，只能依靠前鳍肢和腹部的力量向前移动。

11

啊呵！狮子来了！

 我来教小朋友怎么抓猎物。把身体压低，后脚蹲下，前脚慢慢往前爬，千万不要出声音，靠近猎物时再往前跳，谁都别想逃掉。厉害吧！

累了吧！大家放松一下，让我来教你们吊在单杠上休息。

 吊单杠休息的方法，我也想试试看。

 双手先抓住单杠，再把双脚举到单杠上，你看，在上面摇来摇去很舒服哦！

 哎哟！这怎么休息？我爬都爬不上单杠呢！

大熊，别站在那里发呆了，你要教我们什么呀？

摩擦树干抓痒呀！

啊？抓痒？嗯……摩擦树干来抓痒真不错啊！

狗躺在地上摩擦地面，也是在抓痒呢！

我来学学看哪一种方法更好用。

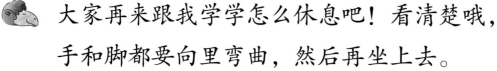 大家再来跟我学学怎么休息吧！看清楚哦，
手和脚都要向里弯曲，然后再坐上去。

啊，手和脚都要向里弯，我可做不到。

还是学大熊吧！靠着树手脚放松就可以啦，
这样的休息姿势最适合我了。

骆驼前脚的关节转动的角度和人不一样，它可以向里弯，人却不行。很多动物也没办法做到。主要是因为骨骼结构不同。

19

动物们教得很认真，小朋友也学得很开心。还有好多动物想教小朋友做体操，但是，等呀等，大象睡着了，长颈鹿睡着了，企鹅也睡着了。嘘！小朋友们也累得睡着了！

给父母的悄悄话：

如果只是通过图片来解释动物与人类身体构造的区别，孩子可能不太好理解。但让他们通过模仿动物的动作，用身体去感受，就很容易明白到底哪里有差别了。在不便外出的时候，这也是一项在家就可以进行的有意思的亲子活动。运动和模仿的过程中，父母要注意保护孩子们别受伤哦。

消失的冰块

　　狮子住在很热很热的非洲，每天早上睁开眼睛，看见天上那个火红的大太阳，就一肚子的不高兴："唉！怎么每天都这么热！"

　　狮子热得受不了，脾气越来越坏，动物们都在想，有什么方法可以让狮子凉快些。

　　秃鹰说："听说南极有一种叫作'冰'的东西，拿在手上又冰又凉，很舒服。"

公共电话

狮子听了，高兴地说："太好了，你帮我打电话给南极的企鹅，请它寄一大块冰来。"

24

企鹅接到电话后，觉得很奇怪："冰，这么冷，怪难受的，狮子却要我寄一大块给它，真是奇怪。"

企鹅挑了好大一块冰，包上塑料袋，装进箱子里寄给了狮子。

　　过了好几天，秃鹰收到一个大箱子，高兴地叫着："哈哈，冰终于寄来了。"秃鹰急急忙忙地去给狮子送冰。动物们也都跟过去，想看看冰的样子。狮子好不容易把箱子打开，却发现只有满满一袋水，哪儿有冰呢？

　　狮子又失望、又生气，它对秃鹰说："请企鹅寄冰来，怎么寄了一袋水呢？把它退回去！"

　　秃鹰把水装回箱子里，寄还给企鹅，还写了一封信。

企鹅：
你弄错了，
我们要的是冰，
不要水。

秃鹰

又过了几天，箱子回到好冷好冷的南极。

"咦！怎么退回来了？"企鹅打开箱子，看完了信，皱着眉头说："狮子为什么说我寄的是水？这明明是一袋冰呀！难道狮子是热得头昏眼花了吗？"

蚊子吹牛皮

树丛里，两只蚊子吹牛皮。

大的说，我能吃颗枣；小的说，我能吃个梨。

大的说，我能吃头象；小的说，我能吃头鲸。

蜻蜓逮住它们俩，不声不响吞肚里。

谁的最长?

谁的最长?

长颈鹿的脖子长又长。

谁的最长?

大象的鼻子长又长。

谁的最长?

猴子的尾巴长又长。

让小白兔来当裁判，她也不知能怎么办。

到底谁的才是最长，小朋友们来说说看!

企鹅

胖嘟嘟的企鹅住在南极，它们走起路来摇摇摆摆的，像刚学走路的小孩。但是它们很会游泳，还能像海豚一样，轻松地跳跃前进。

看我表演上岸特技！

我的潜水技术也是一流的。

企鹅最爱吃虾和小鱼。这些美味的食物让它们的身体长出了厚厚的脂肪，在脂肪层的保护下，海水再冰也不怕啦。

企鹅有鳞片状的羽毛和
肥厚的脂肪，可以帮助
它们抵御严寒。

从空中往下看，海水的颜
色很深，企鹅黑色的背部
可以成为很好的
保护色。

而从水底往水面上看，
海水的颜色反着白光，
企鹅的白色腹部也是
很好的保护色。

企鹅的翅膀像船桨，
帮助它们在水中快
速前进。

企鹅的脚像舵，
能控制游泳时的
方向。

企鹅爸爸和妈妈轮流孵蛋。

妈妈怎么还没回来？

企鹅喜欢一大群在一起生活，而且会互相照顾。

当小企鹅的爸爸妈妈去海里捕食的时候，还没有配偶的企鹅就会帮忙照顾小家伙们。

慢慢吃哦！

宝宝吃饭喽！

小企鹅全身都是毛茸茸的灰色羽毛，可以保暖，之后换成黑白分明的羽毛，就表示它们已经长大，可以独自捕食了。

给父母的悄悄话：

　　大部分种类的企鹅都生活在南半球。这个故事所介绍的是阿德利企鹅，在南极夏季来临前，它们会成群结队回到南极大陆交配、孵蛋，繁殖下一代。小企鹅在两个月大的时候，就可以自己下海捕鱼了。

小狗耳朵痒的时候怎么办?

① 用前脚抓痒。

② 用后脚抓痒。

③ 把耳朵靠在墙上摩擦。

狗的身体结构与我们不太一样，所以抓痒的动作也与我们不一样。狗耳朵痒的时候，通常会坐下，把头歪向一侧，用后脚来抓痒。下次看到小狗抓痒的时候，可以仔细观察一下。

毛地黄花的斑点

毛地黄在夏季开花，一串串像铜铃的花开在野地里，十分醒目。毛地黄的花朵内藏有香甜的花蜜，为了让昆虫进入花内吸蜜，花朵上长有深紫色斑点，这些斑点可以为昆虫指引方向，让昆虫顺利吸到花蜜，并帮助毛地黄传播花粉，完成繁殖的任务。